低成本的快乐

原来快乐很简单

李茶 编著

新世界出版社
NEW WORLD PRESS

这是一本能带给你治愈力量的口袋书。

　　翻开本书的第一页,你便已经踏上一条通往松弛人生的快车道。

　　不要太在意终点,跟着它的步伐,把好的心情收入囊中吧!

•姓名:查理

一只拥有自己狗生专属道理的小狗。这个世界有很多不足,但他依旧在自己的小天地里乐此不疲。

- **姓名:摩卡**

查理的竹马竹马,钝感力拉满的时尚达人。

自娱自乐佼佼者,压力从来"与我无关"。

- **姓名:大白**

高傲、冷漠的富家美猫。

拥有着与外表不符的贪吃属性。

- 姓名:花花

 奶盖的亲亲小女儿,胖胖的三花美人。

从不焦虑,无所事事地长大是花花快乐的王牌秘籍。

- 姓名:奶盖

 外表和性格反差最大的大家长。

一身腱子肉就是为了外耗别人,从不为难自己。

- 姓名：缪缪

喜欢聚会的歌唱家小奶牛。

无论在哪儿,想唱就唱。随时随地,实现梦想。

- 姓名：小脑斧

治愈小天使,正能量专员,躺平大赢家。

永远都是笑眯眯的模样,是不折不扣的倾听小能手。不管你向他倾诉什么,困难都好像能立马迎刃而解。

延长私人时间

小时候觉得一天太漫长，
长大后发现，一天"嗖"就过去了。

用全力生活

今日下班时间：

> 下班后，立刻投入生活，
> 拒绝用生命工作。

延长周末法

这周假期安排:

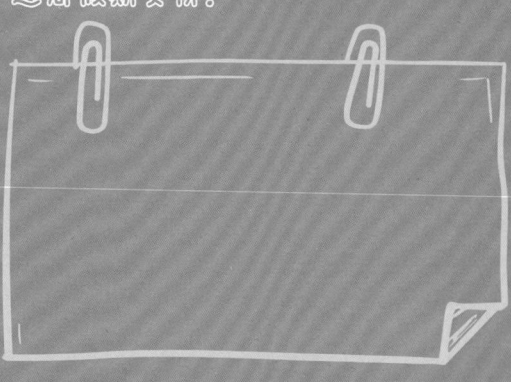

周四大扫除,
周五下班老友聚会,
周六睡一整天。

利用通勤时间

下班吃点什么呢：

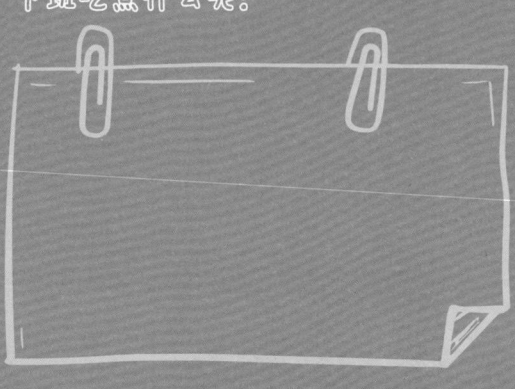

琐事在通勤路上完成，
例如点外卖。

周三奖励日

这个周三我要去：

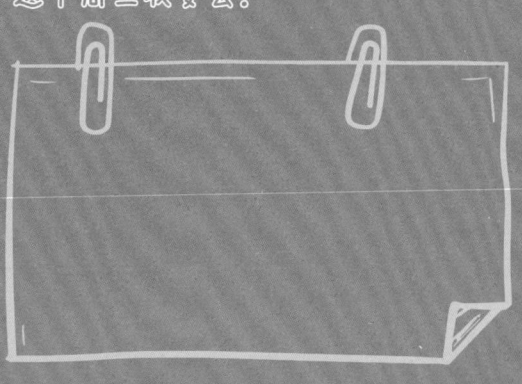

把周三当作奖励日，
晚上找一种只属于自己
的方式放松。

琐事先行

琐事清单：

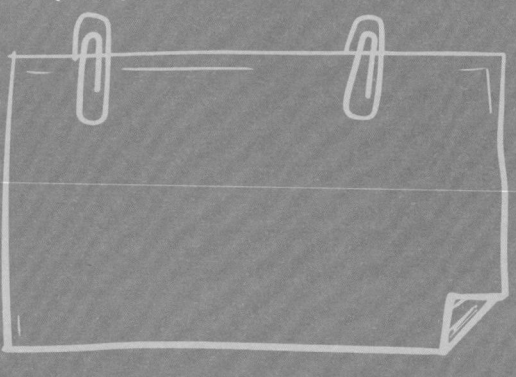

家务琐事放在周一到周四
的碎片时间做，
给自己的周末节省一大笔时间。

早起享受世界

今日起床时间：

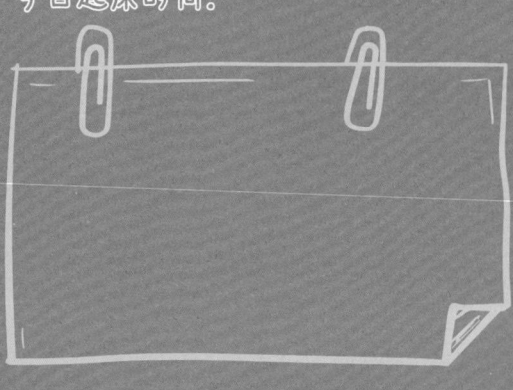

早睡早起，你会发现
清晨 7 点起床的世界和下午 2 点
起床的世界真的不一样。

短途旅行

短途旅行目的地：

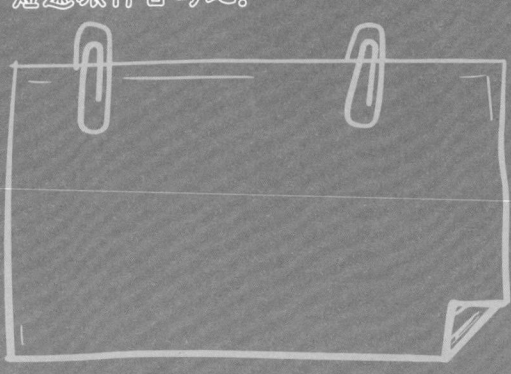

在短假期尝试短途旅行，
两天一夜的轻松之旅就能够
让自己从忙碌的工作状态
完美切换过来。

充实技能

新技能清单：

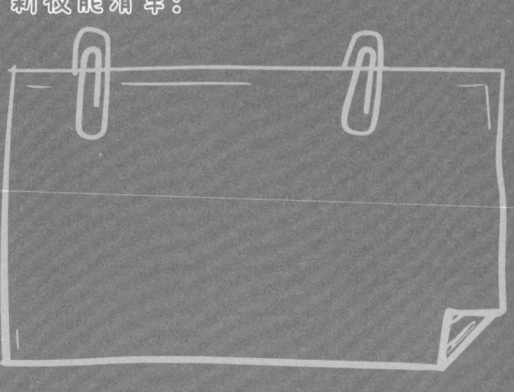

上班做好能力输出，
下班也可以学习
用一项技能充实自己。

拒绝请假羞耻

今天也成为更好的自己了吗?

> 合理的请假是每个打工人应该
> 享受的权利！大家要拒绝
> 请假羞耻，享受合法权益哦！

这个周五让我幸福感爆棚的小事是：

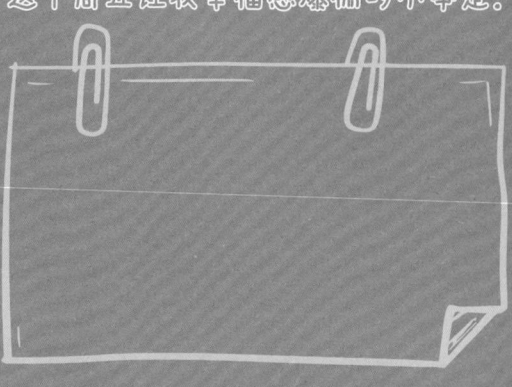

周五晚上做一件特别的事情，让休息日和工作日有割裂感。

说走就走

目的地清单：

别怕麻烦，
有想玩的念头就直接出门。

逃离屏幕

我把使用电子产品的3小时用来——

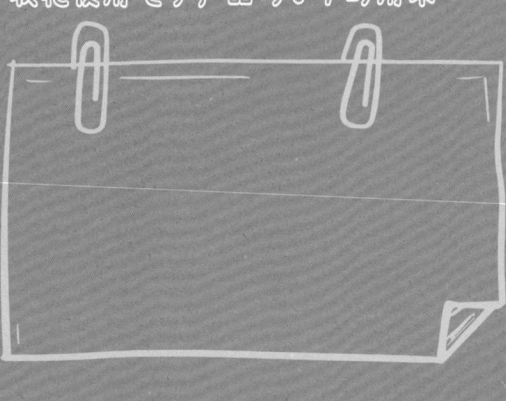

压缩使用电子产品的时间，
你会发现其实
现实生活中时间过得很慢。

假性假期

周六延时计划：

周六早起，
把日程安排得丰富一些，
这样会有一种"今天做了很多事，
但还有一天假期"的感觉。

间隔工作

我今天要做的事有：

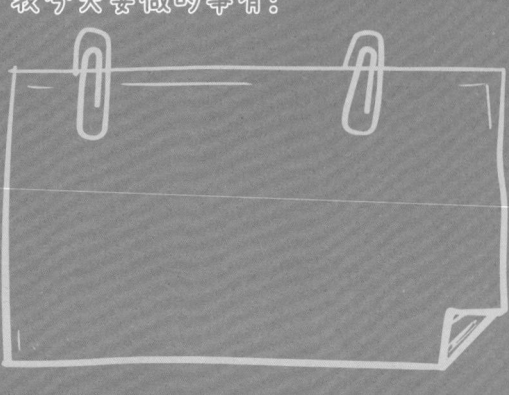

不要长时间做同一件事，
时不时可以"欺骗"一下
自己的大脑。

度秒如年

今天做了平板支撑吗?

平板支撑今天做了（　）秒！
平板支撑今天做了（　）秒！
平板支撑今天做了（　）秒！

平板支撑，
能最快感受到度秒如年。

释放压力

成长也并不是非得把眼泪调成禁音模式，
眼泪可以变成花，变成树，
变成触底反弹的的小猫咪，
对世界打出一记漂亮的喵喵拳。

爽快发疯

略略略

您好，查理为您服务。

555　555　人家做错了什么……

> 一人分饰《小时代》多角表演,爽快发"疯"!

分饰剧中人物:

尽情落泪

> 看一部自己最爱的悲情电影，尽情地哭吧。

哭的理由有很多：

电子日记

> 在微博小号上复盘自己一天的经历,找到负面情绪的根源,接受它,战胜它。

今天写日记了吗? 写啦口 没写口

今天写日记了吗? 写啦口 没写口

今天写日记了吗? 写啦口 没写口

尽情呐喊

> 把头埋在枕头上恣意呐喊,此时枕头就是你的发泄山谷。

我要发泄的是:

释放负能量

> 拿一只最柔软的玩偶，
> 深呼吸，狠狠打，
> 肆意释放。

释放负能量：

与世界隔绝

> 戴上耳机眼罩，
> 隔绝一切，睡个天昏地暗。

__月__日的睡眠时间有___个小时。

__月__日的睡眠时间有___个小时。

__月__日的睡眠时间有___个小时。

拍八虚

> 打开腋窝,
> 空掌拍打它,肝火统统跑走啦。

别犹豫了,快拍一拍。
一二三四五六七八!

__月__日　　已拍 □

__月__日　　已拍 □

__月__日　　已拍 □

"利他"即"利己"

"利他"即"利己"。不管是给动保组织献爱心,还是帮家人做一些家务事,这些都能够让自己从外界收获到一些价值感。

今日收获:

放下矜持

> 在床上撒泼打滚,
> 放下成年人的体面与矜持。

发泄的原因千千万,今天是因为:

扔掉不顺眼

> 扔掉房子里你看不顺眼的东西,眼不见心不烦。

今天扔掉了:

转移难题

> 打电话给那个最爱你的人，
> 接通了就开始哭，
> 他/她会有办法安慰你的。

你想打给谁？

逍遥达人

> 咨询医生吃一些
> 舒肝活络的食物,
> 试着当一天最快乐的人。

今天最快乐是因为:

敞开肚皮

去大吃一顿你最想吃,但因为热量太高屡屡放弃的美食。

探店计划表:

"衰"外有"衰"

> 做些比较,
> 想想那些比自己更"衰"的人。

今天从情绪谷底走出来了吗?

平静内心

> 试着做一些自己喜欢的事，
> 让心情静下来。

___月___日,今天我做了_____

___月___日,今天我做了_____

___月___日,今天我做了_____

___月___日,今天我做了_____

♥
♥
🐾
♥
♥

提高多巴胺浓度

这个世界其实就是一块甜蜜蜜的蛋糕，
只要你用心品尝一口，
到时候你的快乐就会没完没了。

撸猫撸狗

今天的心灵支柱是：

心灵支柱今天
化身为_____来到我身边喽！

> 失落、难过时去撸一顿猫/狗，
> 它会成为你的心灵支柱。

索要拥抱

今日的拥抱额度用了吗?

向亲密的朋友/爱人
索要一个拥抱,
很多事情不必自己一个人承担。

闪亮出行

今天穿了什么亮色衣服?

> 换一套不常穿的亮色衣物出门,
> 世界也会变得明亮。

非工作日
睡到自然醒

今天睡到自然醒了吗?

_____ 睡到自然醒!!!
_____ 睡到自然醒!!!
_____ 睡到自然醒!!!

> 找一个没有重要安排的日子
> 睡到自然醒。

暴汗运动

运动清单：

> 跳半小时酣畅淋漓的帕梅拉，
> 汗水会带走所有的不愉快。

发现新鲜事物

新鲜事物目录：

> 每天发现一件新鲜事物，
> 哪怕是一本书、一支冰淇淋，
> 不要让自己陷入枯燥无趣的生活。

吸引力法则

大胆释放善意：

> 主动释放善意，相信吸引力法则，
> 你是什么样子
> 吸引过来的人就是什么样子。

物尽其用

我真的很会废物利用：

> 做一件不费力的
> "物尽其用"的事，
> 比如用咖啡渣调一罐磨砂膏。

感受烟火气

今天感受到的烟火气是:

家门口新开了_____店!

> 有空的时候逛逛周边的
> 水果摊、菜市场,
> 那里有别样的人间烟火气。

放松按摩

今天的放松方式是:

> 给自己做一个放松按摩,泡脚的同时用木梳按摩自己的头皮,在自己家里想用什么奇怪的姿势躺平都可以,尽情放松自己。

独享美食

吃独食就是最爽的：

> 独自吃一顿自己最喜欢的美食，
> 没有旁人催促，没有社交需求，
> 不用考虑同伴的口味，
> 自己的需求最重要。

重拾童趣

绘本阅读清单：

去图书馆的阅读区看看儿童绘本，又有趣又感人。

碎片"白日梦"

白日梦素材有:

利用碎片时间做一场"白日梦",
成年人也可以躲进
只属于自己的"安全屋"。

"演唱会"式发泄

来开演唱会啦!

去听一场演唱会,
尽情释放活力,这一刻好像
全世界的人都在和你一同狂欢。

"高光时刻"

果然拍到了"人生照片"呢!

> 拍好多照片修好图发朋友圈,
> 再收获好多个赞,
> 大家都很想知道你的近况。

♥
♥
🐾
♥
♥

停止内耗

允许不受控制，允许船到桥头自然直，
把能量用在对的地方，
你的未来依旧可期。

清理通讯录

> 清理微信通讯录里不常联系的人，还自己一个可以"放飞自我"的朋友圈。

今日份"放飞自我"：

勇于拒绝

已屏蔽

> 拒绝一个
> 一直不敢拒绝的人/事。

勇敢的人天天有,怎么不能多我一个呢?

高质量"美德"

> 把自己向"高质量人群"目标培养,争取拥有他们的所有美好品德,比如:不惧怕冲突,情绪极其稳定,知行合一,高度自信。

"高质量人类"培养计划:

工作≠生活

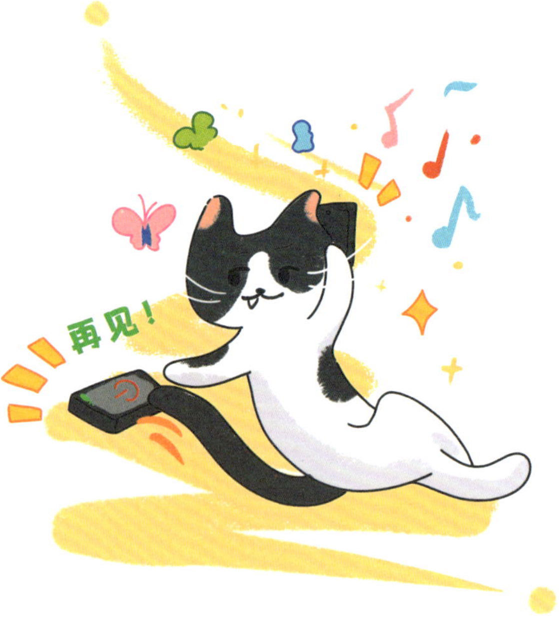

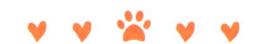

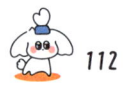

> 使用工作手机,
> 下班后果断关机。

今天也是生活占了上风:

刷新上限

> 不给自己设限，
> 什么事情都要去尝试一下。

"刷新限制区"计划：

正视内心

> 把自己当成小孩重新养一遍,
> 好好对待自己,正视自己的内心,
> 把自己当成最重要的宝贝。

"那年今日"我最想要的是:

拒绝后悔

好的

> 拒绝后悔,
> 相信自己已经做的每个决定
> 都是正确的。

相信自己的决定:

不后悔!

降低期待

> 降低期待,
> 把大目标拆成一个个的小目标,
> 更容易获得满足感。

立几个小目标:

宽于待己

> 宽于待己,
> 不要揪着小失误不放。

今天的我也很棒:

合理工作

不！

> 对不合理的工作安排说"不"!

我有我自己的节奏:

勇敢表达情绪

> 勇于表露情绪,表达脆弱,
> 不用那么坚强,
> 你本来就值得被爱。

与脆弱和解,今天是第一步:

享受赞美

乐于接受别人的
夸奖与赞美。

记录这些赞美：

自我评价

满意!!

给自己做一个中肯
且符合实际的自我评价。

中肯的自我评价:

做自己的主角

> 为自己人生中重要的事排个序,
> 当自己人生中的主角。

究竟什么才能在我的美妙人生里排第一呢?

"神秘"力量

> 不要过度担心还没有发生的事，相信吸引力法则，你真正想做的事会有力量在不知不觉中帮你。

我真正想做的是：

治疗失眠

失眠,是枕头上一场无休止的流浪。
入睡,是美梦终于找到主人,
让人自愿服下月亮那片"药"。

调酒"试味"

今日酒单：

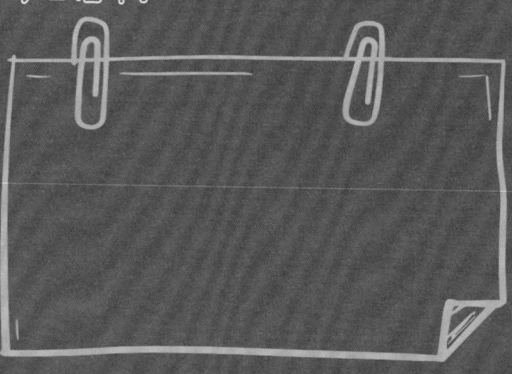

尝试把不同的口味混合品尝，
也许你就能品味出不同的快乐。

忘记烦恼

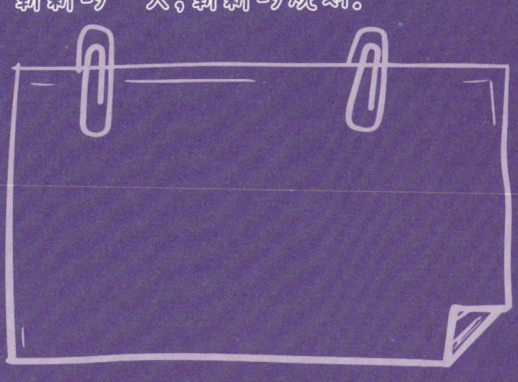

崭新的一天,崭新的规划:

> 把每一次入睡当成"礼物",忘记所有烦恼,把每一次起床当作"复活",过崭新的一天。

还阳卧

今天的睡眠质量如何呢?

今天的高质量睡眠
竟然足足有_____小时!

使用"还阳卧"姿势入睡,
体验高质量睡眠。

"玄学"入睡

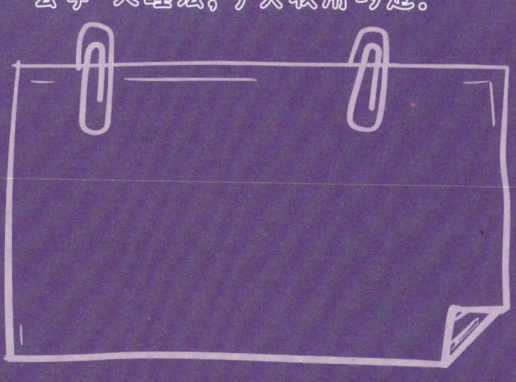

"玄学"入睡法，今天我用的是：

把枕头放到床脚，
换个方向磁场，尝试依靠
"玄学"也许能更快入睡。

白噪音陪伴

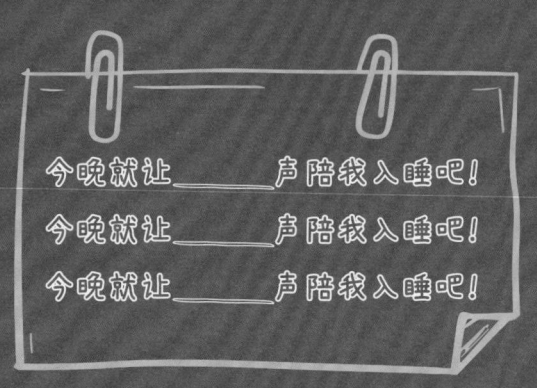

今晚就让_____声陪我入睡吧！
今晚就让_____声陪我入睡吧！
今晚就让_____声陪我入睡吧！

使用动物咀嚼类白噪声陪伴入睡。

营造氛围

许多难以入眠的原因,其实只要倾诉出来就能减轻一大半负担:

睡不着也要躺在床上,只开一盏昏暗的小灯,营造睡眠氛围。

补充微量元素

今天也有乖乖吃维生素哦：

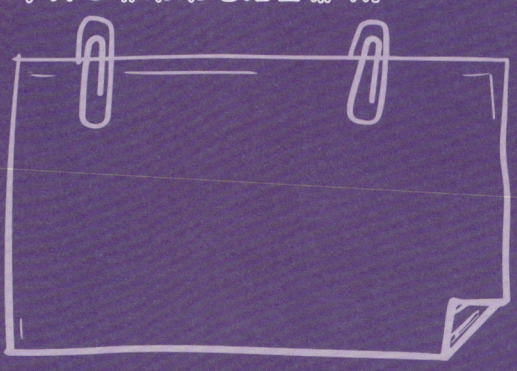

补充一些微量元素，
比如葡萄糖酸锌。

"神笔马良"

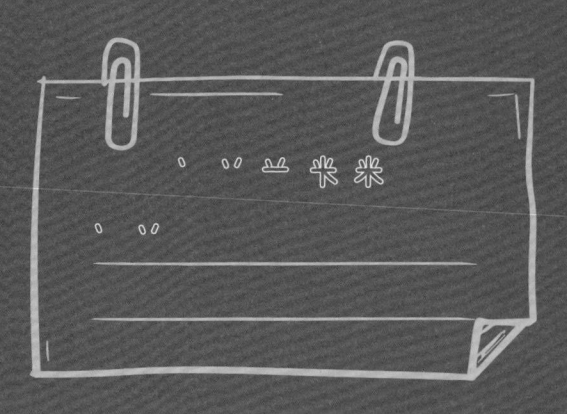

在脑海里想一个字，
在脑子里一笔一画反复多写几遍，
会无意识地睡着。

"专业"入睡

"入睡书单"。

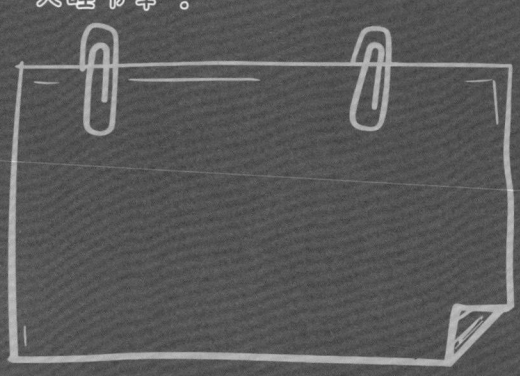

买一本看不懂的专业书，"欣赏"几页就会有睡意。

按摩催眠

"钦点"按摩馆大合集：

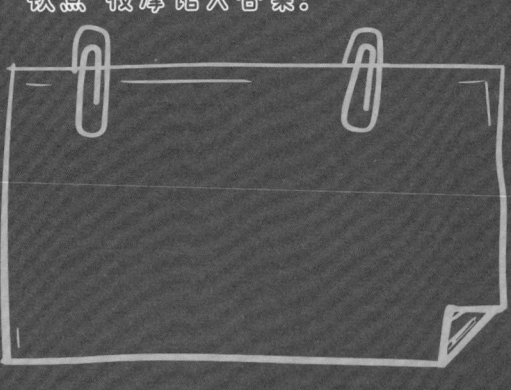

找一家手法舒适的按摩馆，按摩后会非常容易入睡。

神仙也晕

那些我来不及——品尝的"碳水小馆"：

> 吃一顿喜欢的碳水大餐，
> 神仙来了也会发"饭晕"。

放空大脑

用美好的回忆覆盖掉它们吧!

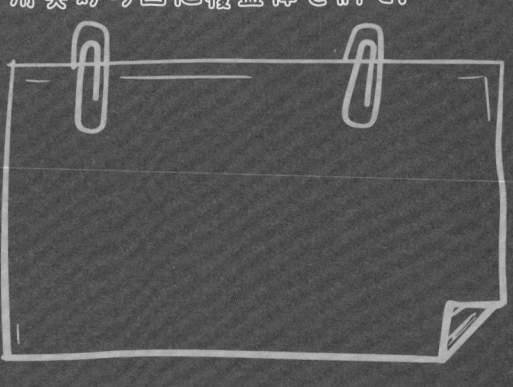

不要回忆自己"难忘"的事情,
把大脑放空。

尝试遛弯

遛弯路线规划：

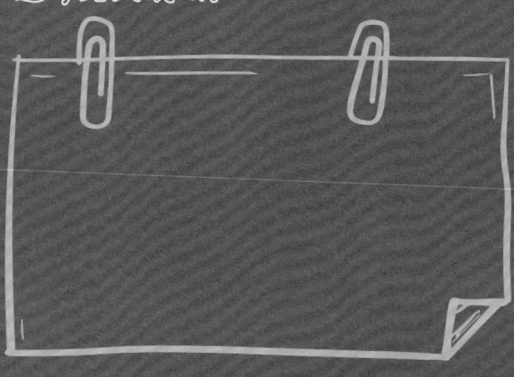

洗漱前抽时间出门遛弯，
散步也能让人心情放松。

促进血液循环

今日"泡+蒸"打卡：

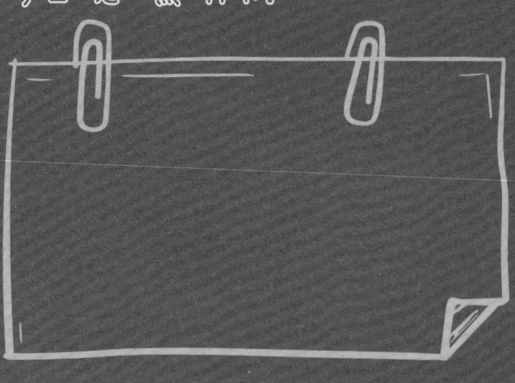

> 睡前泡脚+戴上蒸汽眼罩睡觉，
> 能够促进血液循环
> 缓解一天的疲劳感。

苹果汁魔法

我的入眠魔法饮料：

蜂蜜 + 热苹果汁，
喝完过一会儿就断片。

♥
♥
🐾
♥
♥

控制消费欲望

梦想的温床,
从不以价格衡量。

理智消费

> 冲动消费 + 理智退款,
> 只要我退得够快,
> 钱包就反应不过来。

今天也保住了钱包!

看看也满足

用眼睛购物就够啦。

今日心动窗口有:

直面种草

不回避"种草"内容，
刻意多刷多看，久了会审美疲劳。

拔草清单：

拒绝跟风

> 不再盲目跟风购买最新的产品,
> 买之前可以搜一搜
> 具有同样功能的其他产品。

省钱是一项有独特乐趣的终生事业:

....

....

....

....

隐形成本

> 买东西考虑隐形成本，比如后续付出的时间和精力。

剩下的时间和精力我还可以去——

爱自己的方式

> 与消费欲和解,
> 爱自己不止购物一种方式。

又找到一种新爱好:

专注身边世界

不在社交平台争先，
多专注现实世界。

当我们远离社交网络，
也许会突然发现这个世界其实：

延迟满足

> 学会延迟满足,
> 想要的东西
> 作为完成小目标后的奖励。

当我完成＿＿＿＿＿后,

我会马上奖励自己＿＿＿＿＿!

当我完成＿＿＿＿＿后,

我会马上奖励自己＿＿＿＿＿!

减少冲动消费

少看直播带货，
减少冲动消费。

经过深思熟虑后，我还是想买：

不为物欲打工

> 把想买东西的价格
> 折算成工作时长,
> 你还愿意为它买单吗?

___月___日,今天又省下____天工资!

___月___日,今天又省下____天工资!

___月___日,今天又省下____天工资!

提高购买门槛

> 提高下单门槛,要想着自己可不是什么小玩意都能打发的。

拼搏百天,
我要全款拿下_____!

_____

_____

_____

减少无用下单

明天再买!!!

> 深夜不要逛网店,
> 会降低很多无用东西的下单率。

还是让理智的小脑袋瓜占了上风:

- - - - - - - - - - - - - - - - - - - -

- - - - - - - - - - - - - - - - - - - -

- - - - - - - - - - - - - - - - - - - -

- - - - - - - - - - - - - - - - - - - -

学会"精打细算"

饿了再吃

洗再穿以后能用上

> 学会"精打细算",不要留下"万一以后能用上呢"的东西。

"精打细算"清单:

避开消费陷阱

> 避免消费陷阱,
> 不要被打折促销活动拖进
> 消费欲旋涡。

下单300减30,不下单立省_____

以质取胜

质量大于数量，
买三件差的，不如买一件好的。

这个月的质量冠军就是：

图书在版编目（CIP）数据

低成本的快乐：原来快乐很简单 / 李茶编著. -- 北京：新世界出版社，2024.3
ISBN 978-7-5104-7863-5

Ⅰ.①低… Ⅱ.①李… Ⅲ.①快乐－通俗读物 Ⅳ.①B842.6-62

中国国家版本馆CIP数据核字(2024)第024871号

低成本的快乐：原来快乐很简单

编　　著：	李茶
选题策划：	刘思贤　熊婧怡
责任编辑：	蒋祥　苏丽娅
装帧设计：	三三
责任校对：	宣慧
责任印制：	王宝根
出　　版：	新世界出版社
网　　址：	http://www.nwp.com.cn
社　　址：	北京西城区百万庄大街24号（100037）
发 行 部：	(010)6899 5968（电话）　(010)6899 0635（电话）
总 编 室：	(010)6899 5424（电话）　(010)6832 6679（传真）
版 权 部：	+8610 6899 6306（电话）　nwpcd@sina.com（电邮）
印　　刷：	武汉鸿印社科技有限公司
经　　销：	新华书店
开　　本：	889mm×1230mm　1/32　尺寸：110mm×180mm
字　　数：	32千字　印张：6.25
版　　次：	2024年3月第1版　2024年3月第1次印刷
书　　号：	ISBN 978-7-5104-7863-5
定　　价：	21.00元

版权所有，翻版必究
凡购本社图书，如有缺页、倒页、脱页等印装错误，可随时退换。
客服电话：(010)6899 8638